100 个科学小实验

TOLLE EXPERIMENTE

作者：[德] 艾尔克·丹勒克尔
Elke Dannecker

插图：[德] 伯吉特·瑞吉尔
Birgit Rieger

翻译：吴勉　吴杨

U0309357

四川人民出版社

图书在版编目（CIP）数据

100个科学小实验/（德）丹勒克尔著；（德）瑞吉尔绘；吴勉，吴杨译. —3版. —成都：四川人民出版社，2015.6（2023.11重印）

ISBN 978-7-220-09454-5

Ⅰ.①1… Ⅱ.①丹…②瑞…③吴…④吴… Ⅲ.①科学实验—儿童读物 Ⅳ.①N33-49

中国版本图书馆CIP数据核字（2015）第066985号

100 TOLLE EXPERIMENTE

Author：Elke Dannecker

© 1999 by Ravensburger Buchverlag Otto Mairer GmbH，Ravensburg（Germany）

Chinese language edition arranged through Hercules Business & Culture Development GmbH，Germany

四川省版权局著作权合同登记号：图进字21-2020-274

100 GE KEXUE XIAOSHIYAN

100个科学小实验

[德]艾克尔·丹勒克尔　著　伯吉特·瑞吉尔　插图

吴　勉　吴　杨　译

责任编辑	韩　波　谢　寒
装帧设计	张迪茗
责任校对	舒晓利
责任印制	祝　健

出版发行	四川人民出版社（成都三色路238号）
网　　址	http://www.scpph.com
E-mail	scrmcbs@sina.com
新浪微博	@四川人民出版社
微信公众号	四川人民出版社
发行部业务电话	（028）86361653　86361656
防盗版举报电话	（028）86361653
印　　刷	成都蜀通印务有限责任公司
成品尺寸	185mm×245mm
印　　张	6
插　　页	2
版　　次	2000年11月第1版 2006年12月第2版 2015年6月第3版
印　　次	2023年11月第9次印刷
书　　号	ISBN 978-7-220-09454-5
定　　价	23.00元

致 父 母

古往今来，无数事实向我们昭示，要想事业有成，必须具有超人的智慧。未来社会的竞争是智慧的竞争，故而如何培养孩子的智力，是摆在每个家长面前的不容回避的问题。

有鉴于此，我们选中了这本风靡德国的少儿畅销书。

本书从全新的角度切入少儿智力的开发——实施手段与现代社会的崇尚科学相结合。这些小小的实验极为有趣，极易实施，极易让孩子有成就感，从而激发他们的兴趣，不视学习为畏途。同时，本书的出发点还在于让孩子从小养成观察的习惯，使他们从小具有动手的能力，这点在孩子的成才上无疑至关重要，著名的爱迪生孵蛋之事可资佐证。

本书适合4岁～12岁的孩子使用。

认识世界，启迪智慧，请从《100个科学小实验》开始。

目 录

1. 飞机为什么会飞

准备：薄纸

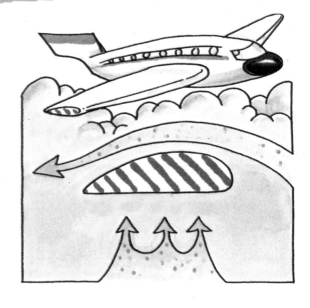

这个实验可以清楚地说明飞机为什么会飞。把薄纸放在嘴边用力一吹，薄纸会向上飘起。吹气产生的气流会降低薄纸上面的气压，相当于你把气"吹走了"，薄纸下面的气压就使它向上飘起。飞机翅膀上方和下方气流的运动完全与上面的实验相同。

飞机翅膀上方的气压低于下方的气压，所以飞机就飞起来了。

2. 气垫汽车

这种汽车奇妙无比，它不是靠轮子行驶，而是在气垫上行驶。剪下一只塑料杯的杯底，在纸盒中间剪下杯底大小的圆孔，将塑料杯插入盒子的圆孔中。这时对着塑料杯吹气，盒底会出现气垫，"汽车"（盒子）会在桌上滑动。抓紧时间再做一个吧，让两部汽车来一次比赛。

7

3. 飞奔的气球

准备：气球
　　　吸管
　　　细绳
　　　胶纸
　　　夹子

这个实验演示了空气从气球里溜走的情况。溜走的空气产生的反冲力使气球像喷气式飞机一样射出去。先将气球吹胀用夹子夹紧。将细绳穿过吸管，再用胶纸将气球固定在吸管上，把绳子两端固定在门铃或靠椅上并将绳绷紧。这时，突然松开夹住气球口的夹子，噗……气球飞奔而去。

4. 两个苹果打起来

准备：两个苹果
两条细绳

用两条细绳分别将两个苹果挂起来，距离不要太远。

你如果不动手，怎么才能让苹果打起来呢？很简单。你在两个苹果之间用力一吹，苹果就会动起来发生碰撞。

道理很简单：所有物体都被空气包围，空气有重量并占据空间。吹走了苹果间的空气，气压会短时间降低，同时两旁的气压会挤压苹果，使它们打架。

5. 水的魔术

准备： 水杯
　　　硬纸片（12厘米×
　　　15厘米）
　　　水

先装半杯水，再用硬纸片盖住杯口。用手紧紧压住纸片，很快将杯子倒转过来。这时将手从纸片上拿开。

什么也没发生！你以为水会从杯里流出，但却没有。空气没有往下压，而是从下往上托住纸片。因为气压很强，可以压住水，使它流不出来。当然，不会持续很久，因为纸片会被水泡软。所以，最好在脸盆里或户外做这个实验。

6. 会亲嘴的杯子

准备：两只相同大小的玻璃杯
　　　吸水纸
　　　水
　　　蜡烛
　　　火柴

注意，做这个实验必须有成年人在场！

不敢想象，两只杯子口对口放在一起，气压的作用会将它们粘在一起。

实验是这样的：

将蜡烛放在一只杯子里，蜡烛点燃后迅速将浸湿的吸水纸盖住杯口。此时将另一只杯子小心反扣上。蜡烛熄灭后，拿起上面的杯子，下面的杯子会跟着运动。两只杯子粘在一起亲嘴。

道理：燃烧需要氧气。蜡烛的火焰先耗尽下面杯子里的氧气，然后通过吸水纸的纤维耗尽上面杯子里的氧气。这时两个杯子里的气压低于外面的气压，外面的气压将两只杯子紧紧压在了一起。

空 气 的 实 验

7. 怎么吹熄蜡烛

蜡烛是可以吹灭的。

对着玻璃瓶用力一吹，蜡烛照样会熄。瓶子的后面会产生低压，周围的空气试图去平衡低压，这时火焰被产生的气流吹熄。这就是为什么人们不到广告柱后面躲寒风，那里反而会被吹得透心凉。

准备：玻璃瓶
　　　蜡烛
　　　火柴

每个人都知道怎么吹熄蜡烛，站在蜡烛面前一吹就行了。如果在蜡烛前放一个玻璃瓶，那该怎么办呢？十有八九的人都会回答说不能吹灭蜡烛。错了！这根

8. 水泵

准备：奶瓶
　　　碟子
　　　蜡烛
　　　打火机
　　　水
　　　两枚硬币

这个实验表明，空气虽然看不见，但确实存在。可以通过这个实验证明燃烧需要空气。

先将点燃的蜡烛固定在碟子里，然后把两枚硬币放进碟子，再将奶瓶倒立在硬币上，罩住蜡烛，最后朝碟子里装水。蜡烛燃烧需要瓶子里的氧气，氧气用完后它就熄灭了。这时，瓶里只有少许空气了，水位在瓶里上升说明水占据了空气让出的空间。此时，瓶外的气压大于瓶里的气压，外面的气压将水压进了瓶里。

9. 沉重的报纸

准备：报纸
　　　尺子

可以打赌，用尺子拿不起一份报纸。不相信吧，但这是真的。先把尺子放在桌上，一端伸出桌外，将报纸打开盖住放在桌上的一段尺子。这时，不管怎样敲打伸出桌子的这段尺子，报纸也不会扬起来，而尺子还很有可能被折断。

这个实验再次证实，空气是有重量的。这并不是说报纸很重，而是尺子不可能一下子抬起压在报纸上的空气。

10. 飘浮的卡片

准备：线卷
　　　大头针
　　　卡片（5厘米×5厘米）

在5厘米×5厘米的卡片中心插入一根大头针。把插有大头针的卡片放在线卷下面，使大头针正好插进线卷孔，并能自由活动。

这时均匀地朝线卷孔里吹气，放开卡片，卡片飘浮起来。

重要的是用力吹气不要停止。周围产生的气压把卡片压进了气流中。

11. 不听话的纸球

准备：一个空瓶
　　　一个纸球

把一个纸球吹进空瓶里，没有比这更简单的事情了。你相信会出现奇迹吗？将纸球放在瓶口，用力将纸球吹进瓶里。倒霉！纸球不是向里飞，而是飞到另一边。原因很简单，瓶子里有空气，一吹就产生高压，把纸球向外面抛出。

12. 瓶中的气球

准备：空瓶
　　　气球

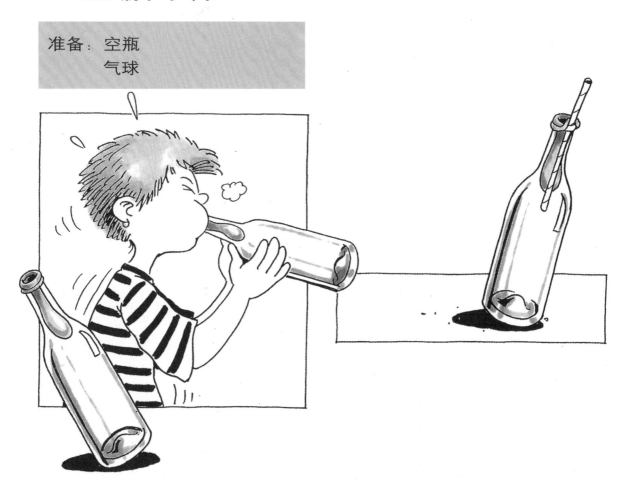

将一只气球塞进空瓶，并把气球口绷在瓶口上。你能用力吹气将气球吹胀吗？答案很简单：不能！因为瓶子里没有气球膨胀的空间。瓶子是空的而又是满的，充满了空气。

现在告诉你个小窍门。你能把瓶里的空气赶出来，就能吹胀气球。这时将气球从瓶口移开一点并抓紧它，把一只吸管伸进瓶口，这样就能把气球吹胀了。吹气球时注意不要折断吸管。

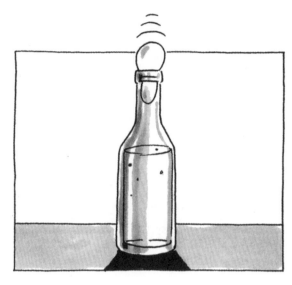

13. 瓶中的鸡蛋

准备：一枚煮熟的剥壳鸡蛋
空瓶（瓶口应小于鸡蛋）

小心将沸水灌入瓶里，摇动瓶体，将剥壳鸡蛋放到瓶口。

不是亲眼所见，谁也不信：鸡蛋居然会往瓶里滑，并且瓶里的水越冷，鸡蛋就越往下滑。因为热水占据的空间比冷水占据的空间更大。鸡蛋周围的压力会挤压它滑进瓶中的真空。

知道吗？

真空是一个什么都没有的空间。例如在宇宙的星球之间就有真空。地球上制造真空并非易事。单纯的空间并不是空的，而是充满了空气。只有当空气被抽出，才出现真空。人们把它称为"负压"，因为这个空间里没有气压或气压很小，而空间外气压很高。

14. 会游泳的柠檬

准备： 柠檬
装水的盆子
水果刀

15. 会跳舞的葡萄干

准备： 透明玻璃杯
碳酸矿泉水

把葡萄干放进饮水杯，倒半杯碳酸矿泉水，会出现什么奇迹？

葡萄干会在水里上下跳舞。当你仔细观察就会知道原因了。矿泉水的水泡像气球一样附在葡萄干上，将它向上托起。在水面上气泡破裂，葡萄干又沉下去，一会儿新的气泡又将它托起来。

将柠檬放进水盆里，它漂浮在水面上。如果削掉柠檬的皮，会发生什么呢？可以有很多估计，但如果你以为柠檬就是柠檬，所以要浮在水面上，那就错了！削掉了柠檬的皮，柠檬就沉下去了。原因是柠檬皮上有很多装满空气的小孔，这些小小的气孔不会让柠檬下沉。

16. 会浮起的鸡蛋

准备：玻璃杯
　　　新鲜鸡蛋
　　　盐
　　　食匙

这个实验就像魔术一样。大家都知道，把鲜鸡蛋放进一只盛水的玻璃杯，它会沉下去。如果放三匙盐在水里，用力搅动，再把鸡蛋放进去，鸡蛋不但不会下沉，还会浮起来。

谜底很简单：盐水浮力很大，所以在海里游泳比在湖里游泳更轻松。浮力最大的海是死海，它的海水中盐分很大，人可以浮在水面看报纸。

知道吗？

地球的吸引力又称为重力。重力的作用就是吸引我们和地球上的所有物体。与这种力起反作用的力叫浮力。

17. 吸管比重计

准备： 三只杯子
　　　 吸管
　　　 水
　　　 盐
　　　 酒精
　　　 胶泥

　　用吸管作比重计，能使你清楚地了解到不同液体的浮力。

　　先将吸管截为长短相同的三段，然后在三只杯子里分别倒进水、盐水和酒精。每段吸管的一端封上胶泥，再分别插入杯中。

　　酒精比水轻，浮力较小，吸管沉得深。盐水比水重，浮力较大，吸管就没有水中的吸管沉得深。

水　　　　　　盐水　　　　　　酒精

18. 油滴是如何形成的

准备：白玻璃瓶
     油
     墨水或食用色素
     酒精
     水

如何让小球在瓶里变魔术呢？
很简单：把瓶子装满水，放点墨水或食用色素，再倒几汤匙油。这时，油浮在水面上。再倒一点酒精进去，注意会发生什么事。油沉下去到了第二层，再倒酒精直到油变成一个小球。这时小球漂浮在蓝色液体的中部。

由前一个"吸管比重计"的实验我们已经知道，酒精比水轻，因为它的密度比水小。油往下沉，混合液体从周围均衡地挤压下沉的油，使油形成球状，漂浮在水中。

知道吗？

任何物体都有密度，它取决于物体自身的重量和体积。

重量相同，体积越大密度越小。所以，密度比水小的物体或某种液体可以浮在水面上。煤气比空气的密度小，所以往上跑。

19. 神奇的复印机

准备： 水
松脂精
冲洗剂
杂志
干净布
纸张
小盆
汤匙

水
＋
松脂精
＋
冲洗剂

注意：别把图弄湿。

设想一下，当你津津有味地读杂志时，发现一张有趣的图片，你该怎么办？这张图片可以寄给朋友或用来发邀请信。当然可以把图片拿到商店里去复印，但也可以自己动手。朝盆里倒进两份水、一份松脂精、一份冲洗剂。把干净布放进混合溶液里浸一下别完全拧干，用布在图片上涂抹。

20. 会动的玻璃纸小鱼

准备：玻璃纸
　　　剪刀

玻璃纸做的小鱼可以动吗？当然，但得同水打交道才行。

用玻璃纸（不是塑料薄膜）剪一只鱼，稍微浸湿一下平放到手掌上鱼就会动起来。有时不用浸湿，手掌上的汗就足以让鱼动起来。

道理很简单：水挤进玻璃纸的纤维，玻璃纸膨胀就动起来。

涂抹后放一张纸在上面，用汤匙底部用力挤压。放在图片上的纸会充分吸收溶液留在图片上的颜色，图画就印在了纸上，当然图画的左右方向与原图相反。

21. 奇怪的墨水流

准备：两只杯子
　　　冰块
　　　墨水盒
　　　胶泥
　　　剪刀

任何人都知道，喝热水时感觉第一口特别烫。是事实如此还是错觉呢？下面的实验会证明这一切。

将冰块放进一只杯子，使它变成冷水。

另一只杯子装进热水，将墨水盒固定在胶泥上放进热水里以免浮起。五分钟后捞起墨水盒剪开盒口迅速放进冷水杯。此时，热墨水喷涌而出向上浮起。

实验说明：热水总是往上运动。墨水使这个现象变得清楚。所以，喝第一口热水时应当小心，它总是比后面喝的烫。

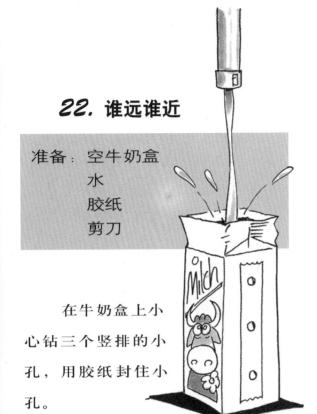

22. 谁远谁近

准备：空牛奶盒
　　　水
　　　胶纸
　　　剪刀

在牛奶盒上小心钻三个竖排的小孔，用胶纸封住小孔。

将水灌满牛奶盒，最好在澡盆里灌水。

现在猜想一下：从三个小孔喷出的水是一样远呢，还是最下面的小孔喷出的水最远？

把牛奶盒上的胶纸猛地扯掉，最下面小孔喷出的水最远。

这是因为最下面小孔承受的压力最大。

23. 会开放的纸花

准备：水盆
　　　纸
　　　剪刀
　　　颜料

把纸剪成一块星状（如图），涂上颜色。把花尖折向中间，然后把花放在水面上。这时，花瓣会慢慢打开，看到花心。

水用力挤进纸的纤维，纤维轻微膨胀。折痕处的纤维膨胀就使花瓣打开。

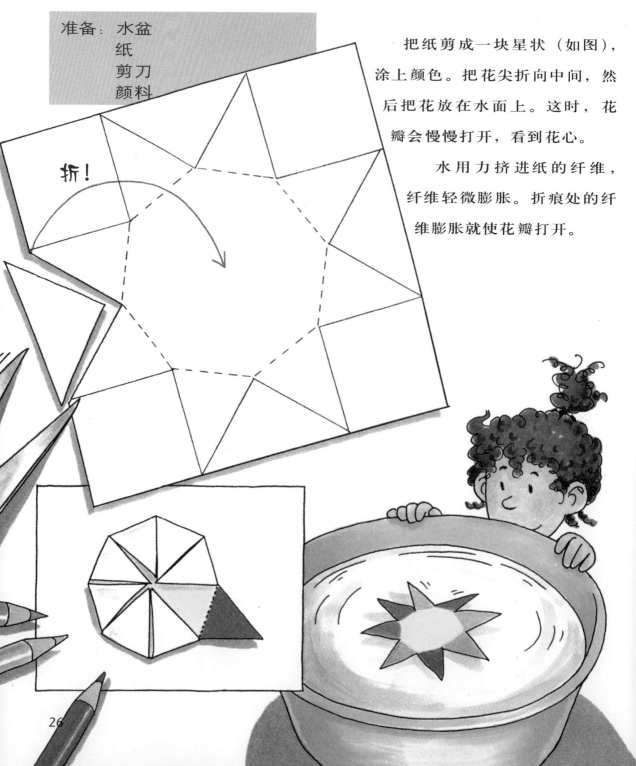

折！

24. 活跃的潜水员

准备：无色杯
　　　水
　　　小瓶（如香水瓶）

先装大半杯水，把小瓶头朝下放进杯里。这时水会钻进小瓶里，直到小瓶浮在杯子里。把杯子里的水加到杯口，魔术开始了：用手完全盖住杯口，小瓶往下沉；移开手，小瓶浮起来。你还可以边念咒语边玩这个游戏。

道理：手盖住杯子就加大了杯里的压力。小瓶里的空气被压缩，钻进了更多的水，所以就下沉。

水 的 实 验

25. 潜水艇

准备：水
　　　透明杯
　　　柠檬皮
　　　刀
　　　气球
　　　橡皮筋

这个实验与前一个实验原理相同，但略有变化。

把柠檬皮剪成潜水艇放进装满水的杯里。剪下一块气球皮蒙在杯口，绷紧后用橡皮筋固定。

用手按气球皮，艇往下沉，反之往上浮。

从前面的实验知道，柠檬皮含有空气。按气球皮时，小孔里的空气被挤压排出，柠檬皮变重下沉。

26. 杯中喷泉

准备：果酱瓶
　　　麦秆
　　　胶泥
　　　墨水
　　　煮锅

做这个实验必须有成年人在场，因为实验较为复杂。最好在厨房或卫生间进行。

先在果酱瓶盖上钻一个麦秆大小的孔，瓶内装三分之一的冷水，用墨水染一下也行。把瓶盖拧紧，插进麦秆。露出瓶盖的麦秆不要太长（如下图）。

麦秆

胶泥

现在用胶泥（或口香糖）把麦秆孔与瓶盖的缝隙和麦秆端口封住。

把瓶子放进装满热水的煮锅。突然，胶泥飞走，水像喷泉一样从麦秆里喷出。

原因是这样的。煮锅里的热水加热了瓶中的空气。空气分子运动越来越激烈，需要更多的空间，并不断膨胀，挤压瓶中的水。水只有一个出路——从麦秆钻出去。当压力达到最大时，封口的胶泥射出，水就喷涌而出。

27. 防水杯

准备：两只形状相同的杯子
　　　水盆
　　　硬币

把两只杯子完全浸在水盆里。气泡消失后，将两只杯子口对口放在一起，竖立起来，小心拿出水盆。

这时，非常小心地将一枚硬币塞进两只杯子间的缝隙，却不会漏出一滴水来。

水的表面有一层"膜"，它产生的张力使水保持在杯里。

28. 爱吃甜食的火柴

准备：火柴
　　　盆子
　　　方糖
　　　水
　　　线

把盆装满水，将火柴放在盆子中间。用线拴住方糖轻轻放进盆里离火柴三厘米远。这时，火柴肯定不会感到糖的存在，但却大动起来。换句话说，糖开始溶解时，糖溶液往下沉，因为它重于水。水产生运动带动了周围的火柴运动。

知道吗？

液体由极小的部分组成，被称为分子。水分子在水的表面互相吸引，表面张力使水的表面尽可能地变小，最后成了水滴的形状。水的表面形成了一层膜，使得又轻又小的物体不会下沉。肥皂和洗涤剂会破坏水的表面张力。

水 的 实 验

29. 行动迅速的火柴

准备： 两根火柴
　　　一盆水
　　　冲洗剂
　　　刀

用刀小心将两根火柴的一端削成叉状（如图）。在一根的叉状处滴上冲洗剂放进水盆，火柴迅速向前射出。为了作比较，在盆里放一根未滴冲洗剂的火柴。

为什么滴上冲洗剂的火柴会快速运动呢？

冲洗剂减小了水的张力。叉状处的水微粒被挤出，反冲力成了火柴前进的动力。

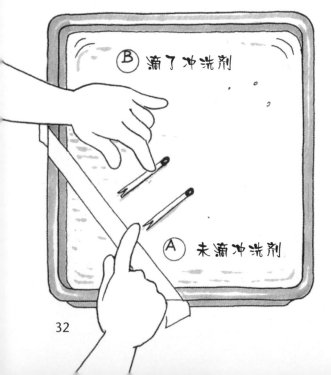

30. 看谁先沉下去

准备：薄餐巾纸
　　　剪刀
　　　两只杯子
　　　水
　　　冲洗剂

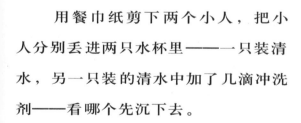

用餐巾纸剪下两个小人，把小人分别丢进两只水杯里——一只装清水，另一只装的清水中加了几滴冲洗剂——看哪个先沉下去。

谁先沉到杯底呢？丢下两个小人就会发现，一个已经沉到杯底，另一个还漂在水面上。

窍门在哪里？滴了冲洗剂杯中的纸人很快被浸湿，吸满了水沉下去。

31. 干燥的水

准备：水杯
　　　胡椒粉

干燥的水？根本不可能！把手指浸进杯里，拔出来一看，是干的。

把水杯装满水，让水平面平稳后小心撒进磨得很细的胡椒粉，直到盖住整个水面。这时不要再动杯子，以免让胡椒粉沉下去。慢慢地将手指伸进水里又重新拔出，完全是干的。

真是不可思议！

怎么回事呢？伸进手指，击破水面的膜，手指才浸湿。胡椒粉强化了这层膜，使水分子聚合在一起。此时，杯中的水像一个气球，受到外力挤压它就会收缩。只有外力过大击破水膜，手指才会变湿。

32. 肥皂船

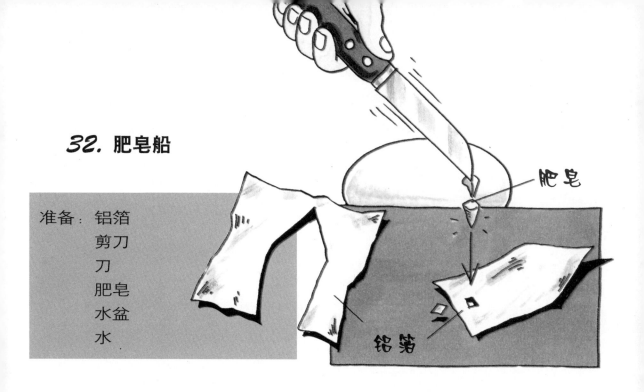

准备：铝箔
　　　剪刀
　　　刀
　　　肥皂
　　　水盆
　　　水

肥皂
铝箔

　　肥皂能驱动船吗？你可能不会相信，但却千真万确！剪下一只铝箔船，在铝箔上钻一小孔，将一小块肥皂插进小孔，准备完毕！

　　把船放进干净水里，只见船徐徐前进。

　　谜底还是水的张力。肥皂破坏了船后面的水面张力。当肥皂溶解四散开来，其他地方的张力太小时船就停下来。

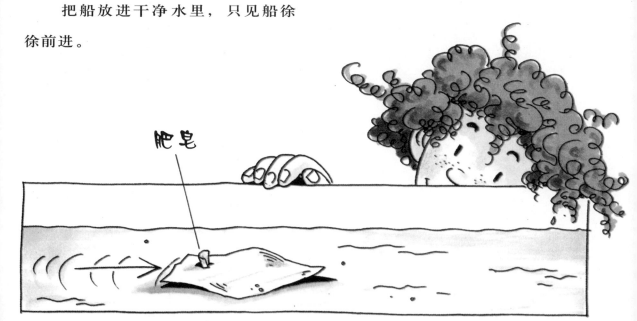

肥皂

33. 不停的螺旋

准备：细铁丝
      水盆
      水
      肥皂
      针

把一小块肥皂穿在针尖上平放在螺旋中间。螺旋就不停地旋转，几小时都不停。这是因为螺旋阻碍了肥皂溶解后的扩散，螺旋外的张力没有改变，而螺旋中间的张力在减小。

这个实验比上一个实验稍有变化，这里也是用肥皂做"发动机"。

将细铁丝卷成螺旋状平放进水里。

肥皂

34. 逃跑的胡椒

准备：胡椒
　　　肥皂
　　　小盆
　　　水

胡椒

肥皂

把水装进小盆，在水面撒上一层胡椒罩住水面。现在放一小块肥皂在盆的边缘，胡椒飞奔逃向盆的对面。胡椒使我们清楚地看到，肥皂减小了水的张力，水膜在收缩。

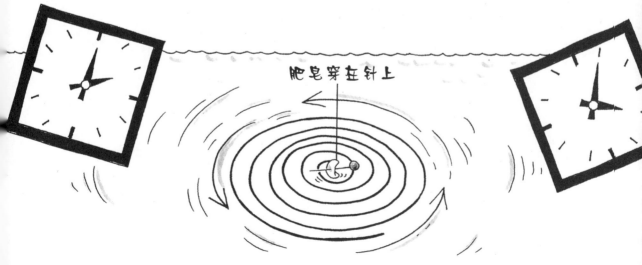

肥皂穿在针上

35. 美丽的肥皂泡

36. 超级肥皂泡，
超级混合溶液

准备：面盆
　　　水
　　　冲洗剂
　　　医用甘油
　　　三只杯子

在面盆里装六杯净水（最好是消过毒的水）、二杯冲洗剂、一杯医用甘油。

混合溶液制成后，可以用它做很多实验。

准备：可以弯曲的吸管
　　　铝箔
　　　软木塞
　　　混合液

在软木塞上钻洞，正好插进吸管。从铝箔上剪下一朵花，中间也剪个孔，将铝箔花粘贴在软木塞上。这时，向孔里滴进混合液。轻轻一吹形成气泡，奇迹出现了：当空气从气泡慢慢溜走时，花瓣开始合拢。

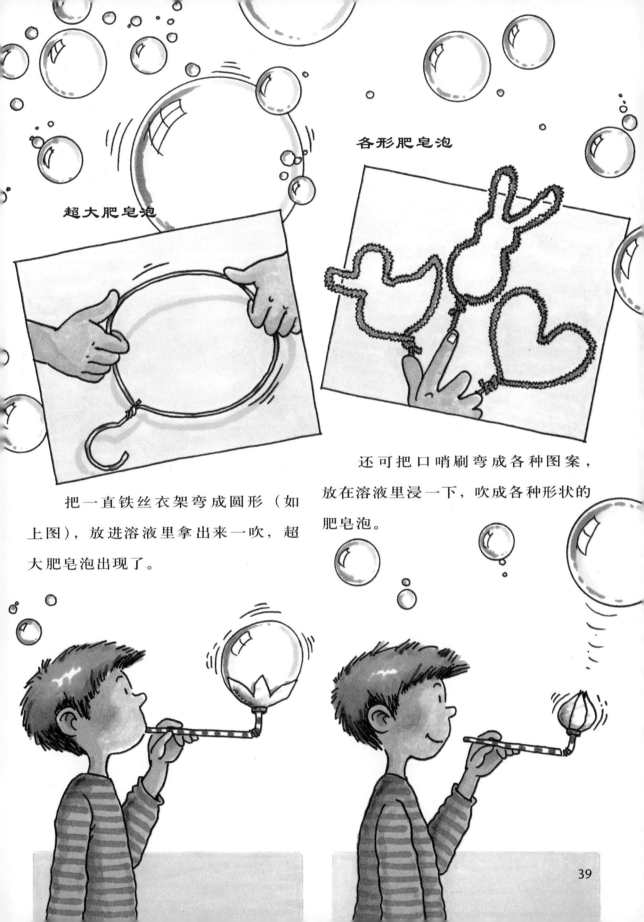

超大肥皂泡

各形肥皂泡

把一直铁丝衣架弯成圆形（如上图），放进溶液里拿出来一吹，超大肥皂泡出现了。

还可把口哨刷弯成各种图案，放在溶液里浸一下，吹成各种形状的肥皂泡。

39

37. 这是什么

准备：网球
柠檬
毛线团
土豆
蒙眼带

蒙住双眼去猜测物体很困难，而不用手去触摸要猜测物体则更为困难。

用赤脚或双肘可以知道是什么物体，令人吃惊吗？用脚不能感觉出的物体，用手可以很快确认。

手的触摸感觉非常好，因为手指有丰富的末梢神经。

38. 你感觉到有几根手指

背上有几根手指？把手放在同伴的背上，问他有几根手指，他十有八九要猜错。因为背上的神经没有指尖丰富，也没有嘴唇或脸上其他部位丰富。

39. 奇痒难忍

把同伴的双眼蒙上，沿他手臂内侧挠痒痒，来回不停或停在某处。当他感到手指挠到臂弯处他会大叫住手。但实际上只是在旁边轻轻敲了几下，这就令人惊奇了。

40. 烫还是冷

手能否准确感觉出温度？下面的实验将给你上一课。把左手放进冰水，右手放进烫水。几秒钟后两手放进温水里。尽管盆里只是温水，左手感觉较烫，右手感觉却较冷。

41. 甜还是酸

准备：蒙眼带
　　　柠檬汁（酸）
　　　糖水（甜）
　　　咖啡（苦）
　　　盐水（咸）
　　　四根吸管
　　　面包

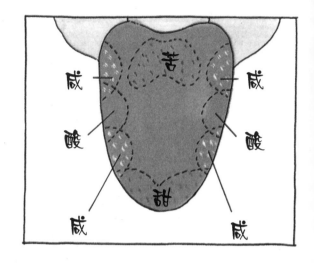

用整个舌头去尝甜还是酸，却不知道正确的信息，你信吗？舌头上有很多味蕾，按不同区域排列。中部边缘辨别酸，舌尖辨别甜，前部和后部两边辨别咸，舌后部辨别苦。

下面的实验可以准确感知味道。先将眼蒙上，用吸管吸进一点柠檬汁，用手指按住上端，在舌头的不同区域滴一滴，每滴一次让受试者立即说出口味。

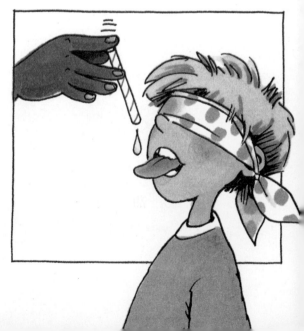

当滴到舌的中部边缘时，受试者肯定会大叫酸味。还可用同样方法试其他口味。每种口味之间吃点面包，以消除前种口味。

42. 口味哪里去了

准备：各种口味的食品
　　　（水果、
　　　蔬菜、
　　　甜食、
　　　饮料）
　　　蒙眼带

经过前面的实验，如果我们认为舌头可以通过味道分辨所有食品，那就错了！舌头只能感觉甜、咸、酸或苦，下面的实验可以证实。蒙上受试者的眼睛，再封住鼻子，让他尝各种食品。除了酸、甜、苦、咸以外，他无论如何说不出是什么食品。

每种食品都会释放气味，这可以用鼻子感觉。如果不让鼻子呼吸就闻不到气味。有一点可以证明：当人们患感冒时，再喜欢的食品也没有平时吃起来香。

43. 盲点

准备：一张纸
　　　铅笔

在纸上右边画一十字，与它齐平10厘米处画一个黑点。把纸拿到面前闭上右眼，让左眼看到十字，目光对准十字。这时把纸从面前向外移动，移到25厘米至35厘米时，原来左眼能看到的黑点突然消失了。当然，先闭左眼，将十字和黑点反方向画到纸上的实验结果一样。

这个实验有点不可思议：存在的物体竟突然消失。道理：每个眼球都有看不见的地方，这个地方视细胞和视神经合为一体，被称为"盲点"。

我们通常是用两只眼睛看，所以不缺什么。如果只用一只眼睛看，就不能消除这个盲点。纸上黑点进入盲点，自然就看不见了。

44. 第三根手指

将两根手指并拢指尖靠紧，举到眼高。这时，通过指尖向远处看，最好前面是墙壁，会发现两根手指间出现第三根手指。两根手指越离得远，第三根手指越小。

把眼睛聚焦到前面的墙壁上，就会看见手指的双影。两根手指的图像在大脑里重合在一起，就出现了第三根手指。

45. 光学的错觉

准备：如书所示图画

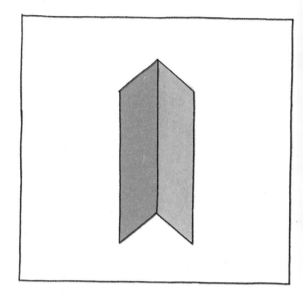

光学的错觉常使人大为惊奇。

现在仔细看楼梯的梯级，你会发现有两种走法：既可踏深蓝色，也可踏浅蓝色。

把折了一道的纸的长边平放在桌上。

现在你看最下面的折痕，会发现似乎纸是竖直放在桌上的。

眼睛出现病变了吗？不是眼睛出了问题，而是大脑有了想法。如果允许物体具备多种含义，眼睛会发射

你看见了什么？

46

出矛盾的信号，此时大脑的想法会从
一种可能跳向另一种可能。

本书的黑白卡通还可以用于涂色
哦！你猜到了吗？

46. 准确无误

准备：纸
　　　铅笔

拿一张纸，画上一个圆点，平心静气坐下来试一试，用笔去准确触及这个圆点。你行吗？如果这次成功的话，你闭上一只眼睛再试一次，这次没那么容易了吧？

一只眼睛很难估计距离，大脑需要两只眼睛的信息才能准确确定距离。但有时也并非如此，还想得起盲点的那个实验吗？

知道吗？

每只眼睛发射给大脑它自己看见的图像。大脑根据两幅图像作出一幅完整的图画，并具有立体的深度。看立体图画就需要两只眼睛，这时才能准确判断距离。两只眼睛可以看三维图画（见"魔画"）。

47. 先见为快

准备：纸
　　　剪刀

现在知道了，每只眼睛生成一个图像，相继进入大脑成为一幅图画。哪只眼睛先把图像反射进大脑呢？这个实验会告诉你。在纸上剪一个直径为3厘米的孔，手拿纸伸直手臂通过小孔望过去。别让看到的物体逃离眼睛，慢慢把纸靠近自己的脸。下意识地，小孔就会被吸引到一只眼睛上。就是这只眼睛先把图像反射进大脑的。

48. 无处藏身

准备：纸
　　　光源

人的眼睛里漂浮着很多粉尘微粒。把纸剪一小孔，通过小孔对着看就会看见微粒。注意：微粒总是往下运动，但眨眼时又被带到了上面。

49. 牙齿有"耳"

准备：叉子
　　　茶匙

　　用牙齿能听见声音吗？这个实验可以证明。用茶匙敲一下叉子，然后把叉子放到牙齿之间，轻轻咬住。

　　这时会听到一种声音，但一松开牙齿声音马上就消失了。可以多试几次，相信了吧！

　　牙齿当然没有耳朵，你听到的是头骨传来的声音。如同听到叉子的声音一样，你还可听到自己通过头骨传来的部分声音，这种声音听起来同磁带声通过空气传来的声音完全两样。

知道吗？

　　我们之所以听见声音，是声音在空气中引起振动。振动通过鼓膜接收传给耳朵。当然不仅是鼓膜接受声波，音乐声很大时有时你也会感到腹腔会接受声波。

50. 两个鼻子

这个实验说明感觉有时会欺骗自己。把食指和中指交错起来，放到鼻尖，你会感到有两个鼻子。还可比较交错与不交错手指放到鼻子前面的变化。

道理：每根手指都在刺激大脑，大脑没有考虑交错的情况而只记下了"两只鼻子"。

51. 健康的头发

准备：头发
　　　直尺

这个实验可以检查头发是否健康，当然得奉献一根头发。在头发两端打结以免从手中滑落。把头发放到直尺旁小心拉扯，头发可以被拉长，增加部分达到原长的五分之一而不断开说明是健康的，比如10厘米长的头发应该被扯到12厘米。

52. 反应测试

准备：厚纸条或35厘米×4厘
米的卡通纸
七支颜色笔
直尺

53. 齐头并进

准备：写字纸
铅笔

测试人的反应能力，需要一个助手。

把纸条分成同样大小的七格，每格涂上不同的颜色。让助手拿住纸条，然后突然松手让纸条下落。受试

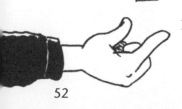

者必须用拇指和食指尽快去抓纸条。手指抓住的地方有色块作为记号。抓住点越低，反应能力越强。

大家都知道，同时协调地做两件事情很困难。

写字的同时用脚掌在地上转圈，这样做几乎不可能。

当然，通过艰苦练习会好些。用手敲头，同时另一只手圆形按摩腹部。此时，受试者紧张万分并且很失望，总要在什么时候乱了节奏。

摆动。但此时似乎有魔力又向上抬起你的手臂。这是因为紧张的肌肉不能适应突然的放松，手臂又不由自主地抬起来。

54. 自动手臂

站直身体，让同伴紧紧抓住你的手臂。这时你用力向上抬起手臂，几秒钟后同伴突然松手，让手臂下落

56. 跳跃的青蛙

准备： 塑料吸管
　　　绿色纱纸
　　　毛巾
　　　剪刀

如何使小青蛙跳起来？用纱纸剪几个青蛙放在桌上。用毛巾使吸管带电，把吸管靠近青蛙，青蛙就会跳到吸管上。

55. 魔梳

准备： 塑料梳
　　　水流
　　　毛巾

人们用梳子梳头时或用梳子摩擦毛巾时会带电。这时拧开水龙头，让水流喷出，把梳子小心靠近水流，水会被吸引过来。注意：梳子不能浸湿，否则就不起作用了。

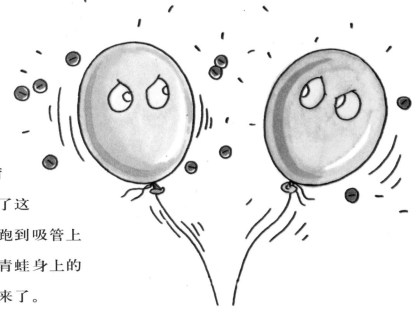

原因是毛巾摩擦吸
管产生静电。所有物体
都带有相同数量的正电荷
和负电荷。通过摩擦打破了这
种平衡，毛巾上的负电荷跑到吸管上
使吸管带负电。吸管吸引青蛙身上的
正电荷，所以青蛙就跳起来了。

57. 冤家碰头

准备：两个气球
细绳
抹布

两个冤家各行其道，你恨我怨。
图上的两个气球就是如此。先把气球
充满气，系上绳子；再拿抹布分别在
两个气球上擦几下。现在激烈的战斗
开始了，两个气球你碰我撞，毫不相
让。

通过摩擦两个气球都带负电荷，
所以互相排斥。

带电的钢笔吸引不带电的纱纸。第一次接触时电荷从笔传到纸上，又立即传到铁皮上。纸不带电又被钢笔吸引，如此往复直到钢笔的电被用完。

58. 会跳高的蛇

| 准备：纱纸（10厘米×10厘米）|
| 剪刀 |
| 钢笔 |
| 毛巾 |
| 铁皮 |

用纱纸剪一条蛇状的螺旋，放在铁皮上，把蛇头往上折一下。现在把钢笔用力在毛巾上摩擦，然后马上拿到蛇的头上，蛇立即跳起来，不小心还会被咬住。

59. 长发鬼

准备：一张卡通纸
　　　纱纸
　　　胶泥
　　　胶水或胶纸带
　　　铅笔
　　　三根吸管
　　　毛巾

这个实验说明同种电荷相斥。事情可笑但电荷的故事有趣。

用卡通纸剪一人头，画上五官，用纱纸做成长头发，头发长6厘米，后面粘上吸管插进胶泥。这时把另两根吸管用力摩擦毛巾，然后放到小人脑袋后。哇！毛发直竖，真可怕。

有的还粘在匙上。如果仅仅这样算是好的了，爆米花还要四处乱飞。爆米花受到带电荷塑料匙的吸引，电荷跳到爆米花身上使其带电，相同的电荷又互相排斥。

60. 危险的爆米花

准备：爆米花
　　　塑料匙
　　　毛巾
　　　盘子

　　如果不是亲眼所见谁也不信。面对乱蹦乱跳的爆米花，只有躲避的份。很简单，把塑料匙在毛巾上摩擦一下去舀爆米花，爆米花到处乱蹦，

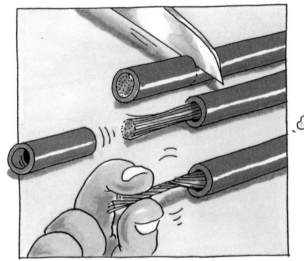

61. 让灯泡亮起来

准备：电池（4.5伏）
两根电线
带灯座的灯泡（3.5伏）
刀

要点亮一只灯泡不是难事。

将电线截为20厘米长，并使两端裸露，一端接在电池上，一端接在灯座上（如图）。电的回路形成了，灯泡就亮了。

62. 电开关

准备：小木板
两枚图钉
回形针
电池（4.5伏）
灯泡（带灯座，3.5伏）
电线
小刀

首先需要前一个实验的通电回路，将开关安在回路上。

在木板上固定两枚图钉，接上电线；再将弯成S型的回形针固定在图钉之间（如图）。把回形针一端按下去，形成回路通电，灯泡发光。松开手，回路断开，灯泡熄灭。

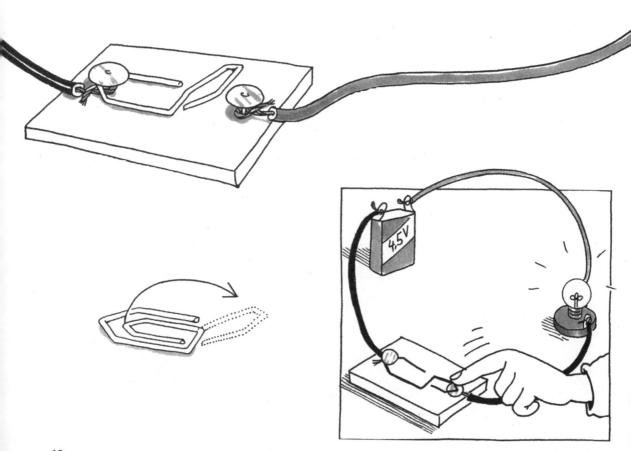

63. 导体还是绝缘体

准备：杯子（内装消过毒的水）
    盐
    苹果
    硬币
    木柴
    电池（4.5伏）
    电线
    灯泡（3.5伏）

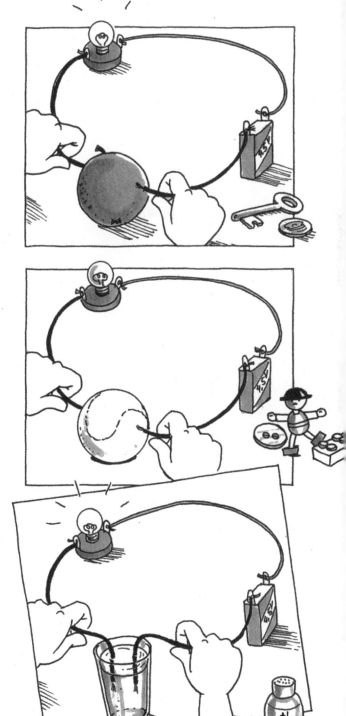

电路形成后，做一个小实验，看什么物质导电，什么物质不导电。把不同的物质放在线路中（如图）即可测出。

先用苹果，如灯泡亮了，它就是导体；如灯泡不亮，它就是绝缘体。还可以把电线放入杯中的水里或盐里，情况怎样呢？

纯水不导电，因为它没有被溶解的矿物质。但盐能导电。

64. 天空为什么是蓝的

准备：装水的透明杯
一茶匙牛奶
手电筒

实验说明：不管是蓝色的天空还是红色的夕阳，其光线被最小的分子散射开了。蓝色光线的分子散射强一些，所以从旁边就看到了蓝色。

从上面照射

在装水的水杯里放入一茶匙牛奶，生成略为浑浊的液体，将手电筒的光束射向液体。

先从旁边看液体的光束，再从上面直接看光束。从旁边看液体是蓝色的，从上面看液体是红色的。

从侧面照射

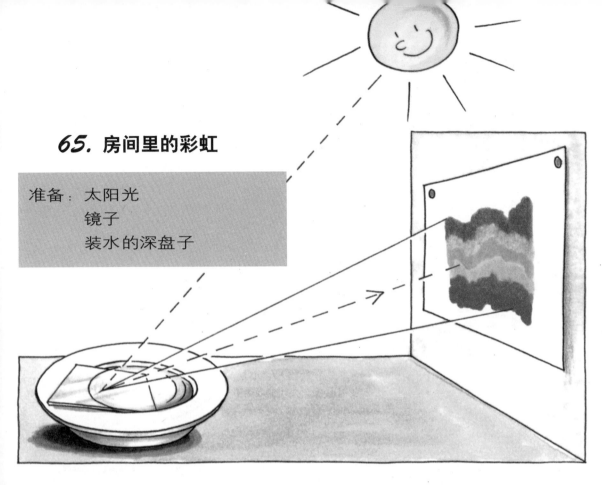

65. 房间里的彩虹

准备：太阳光
　　　镜子
　　　装水的深盘子

实验时必须要有阳光。盘里装上水，镜子斜放进盘子，水及一半。

对准太阳转动盘子，阳光射到镜子上，调整镜子，墙壁上会出现彩虹。

知道吗？

光线是直线传播的，当它碰到物体会改变方向。镜子平滑的表面会将光线像一只球一样反射回去，光线在墙上反射出来。透光的物质如水会折射光线，此时光线被折断了。

66. 箭头指向何方

准备：白色卡通纸片
图画笔
透明水杯
水

在卡通纸片上画一个粗箭头。
问题：箭头指向何方？不难回答。但
当把纸片放在水杯后面时箭头指向何
方呢？现在箭头指的方向与刚才的恰
恰相反。

是杯子和水起了作用，它们就
像透镜让箭头改变了方向。

67. 硬币哪儿去了

准备：无色带盖的杯子
硬币
水

这个实验像魔术一般。在桌上
放一枚硬币，把杯子放在硬币上。透
过杯底可以看见硬币。这时将杯子装

68. 无限的目光

准备： 两面镜子
　　　 燃烧的蜡烛

满水，再一看，硬币不见了。

空杯子可以传播硬币的光线，而装满水后光线被反射回去了，看见的只是银色的光泽。

谁的目光可以看到无限远？在桌上竖一面镜子，再放一面在它对面并从镜中能看到第二面镜子，两面镜子处于平行位置，这时可以看见无数面镜子。

现在放一根燃烧的蜡烛在两面镜子之间，你会看见没有尽头的火焰之海。

69. 彩色阴影

准备：两只手电筒
　　　蓝色和红色塑料薄膜
　　　白色卡通纸
　　　胶纸带

　　世上从未见过彩色阴影，但这个实验告诉我们，阴影并非都是灰色和黑色的。将蓝色和红色的塑料薄膜分别粘在电筒上，对着卡通纸扭亮电筒。把手放进光线里，手会投下三个彩色阴影。红手电照出的阴影微蓝，蓝手电照出的阴影微红，重合的阴影部分是紫色的。

70. 自造太阳能发电站

准备：沙拉盆
　　　铝箔
　　　晾手巾的挂钩
　　　土豆
　　　阳光

　　自造太阳能发电站并不难。把铝箔放在沙拉盆里，清理平整。盆中间撕开一块铝箔将挂钩固定在上面，再将土豆穿在钩上。现在把盆放到阳光下。几分钟后土豆就熟了。铝箔把光线引到盆的中间使其产生高温。

　　做此实验要小心！

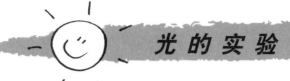

71. 简易照相机

准备：纸盒
　　　羊皮纸
　　　胶纸带
　　　软铅笔
　　　布

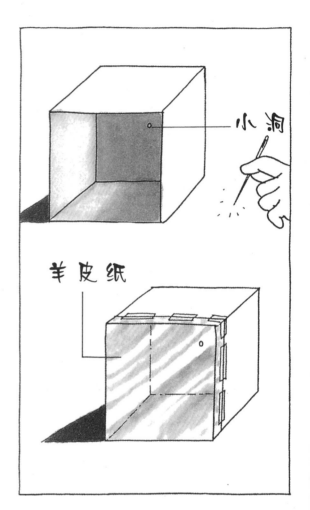

这个相机可以帮你描图，比如想描下某处的风景，就可以做一个这样的相机。

在纸盒的底部钻一个洞，把对着洞口的开口即纸盒口用羊皮纸蒙上，再用布蒙上纸盒和头（如图）。现在到光线充足的地方去观察，会发现羊皮纸出现倒立的图画，这样就可以描图了。

简易相机的工作原理如同眼睛，光线透过瞳孔进入眼睛底部，瞳孔后的透镜收集光线，光线再到达视网膜。这好比图像出现在羊皮纸上。视神经最后将信号传给大脑。大脑的任务就是将这些信息变成图画。

72. 捉迷藏的硬币

准备：	水杯
	水
	硬币
	光源

放一枚硬币在空杯的底部边缘，把杯子移到光源下，使其阴影刚好遮住硬币。现在不动杯子不用镜子，如何把硬币从阴影里解放出来？很简单，把杯子装满水，阴影就移动了。光线碰到水的表面，就在角落里折断。

73. 看不见的墨水

准备：柠檬汁
　　　蘸水笔
　　　纸
　　　熨斗

有时想书写秘密，传递别人看不见的信息，怎么办呢？这种由柠檬汁做成的墨水会帮你的忙。用柠檬汁写一封信，用熨斗加热信纸，加热时柠檬汁变成棕色，字就显现出来了。

74. 秘密信息

准备：两张纸
　　　水
　　　圆珠笔

拉！

把一张纸在水里浸一下，在湿纸上放上干纸，再用圆珠笔写上秘密信息。写的字印到下面湿纸上，纸一干，字就消失了。只要把纸再次浸到水里就可读到内容。

奇怪吗？不奇怪。圆珠笔写字时压缩了纸张的纤维，重新浸湿纸后，写过字的地方无法通过光线，字就显现出来。

75. 神奇的电话线

准备：细绳
　　　两只纸杯
　　　两根火柴

在纸杯底穿两个小孔，穿过细绳固定在火柴棍上，然后绷紧细绳，对着杯里讲话。声波会通过振动传播并借助细绳传递出去。

76. 会唱歌的纸杯

纸杯可以用作喇叭。做实验时先在杯底插一根针。

放上唱片，将纸杯上的针小心放到唱片的凹槽里，传来了音乐声。杯子的喇叭口接收针的振动并将其加强。

窍门：拿住杯子的力越小，声音越动听。

准备：老式唱机
　　　纸杯
　　　唱片
　　　长针

77. 巧开瓶盖

准备：带盖的瓶子
　　　烫水

　　有时，瓶盖很紧无法拧开。幸亏有一个窍门可以为你节省力气。把瓶盖放入烫水中半分钟，打开瓶盖不费吹灰之力。

　　物体遇热膨胀，瓶盖也是如此。杯子膨胀需要的时间比金属瓶盖的稍长。

78. 不会动的手指

把手伸出来放在桌上，中指弯曲，其他手指或伸或曲（见下图）。这时，依次用手指敲击桌面，其他手指可以轻易抬起，只有无名指无法运动。原来无名指肌腱同中指的肌腱是连在一起的。这种状态下无名指丝毫不能动弹。

79. 莫比乌斯环

准备：纸条（4厘米×60厘米）
　　　胶水
　　　剪刀

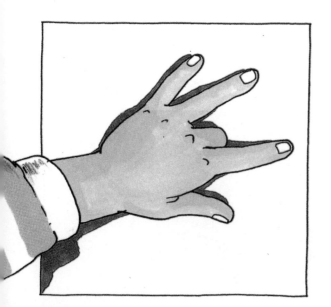

把一条纸环从中（见下页图）剪开会发生什么奇迹？100个人里有99个人回答：会出现两条纸环。实际上会出现一条比原纸环大一倍的纸环。

粘成纸环前把纸条扭一下（如图），再从中间小心剪开即成。

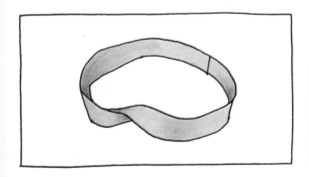

80. 阻燃毛巾

准备：硬币
　　　旧毛巾
　　　用过的铅笔
　　　蜡烛
　　　火柴

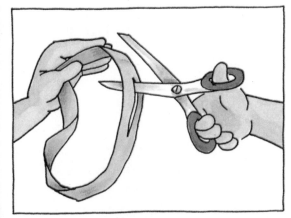

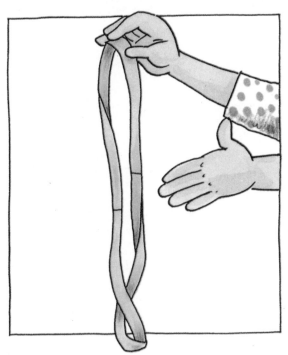

　　将硬币放在毛巾中间，紧裹毛巾贴紧硬币，使其凸出。点燃蜡烛，将笔尖伸到火焰里烧红，然后用力触及包裹硬币的毛巾。这时心里数到10，会发生什么事呢？

　　毛巾并非像我们猜想的那样被烫焦，因为热量迅速地传到了硬币上。

81. 纸中钻人

准备：纸
　　　剪刀

把纸对折一下，剪下一块长方形（如图），再按图示剪13次，这下就可从洞中钻过了。

用这个实验你可以向你的朋友夸口：用一张课本大小的纸剪一个洞，你可以从中间钻过去。

82. 大力士

准备：两把扫帚
　　　绳子
　　　两名至三名助手

绳子绕在扫帚杆上增大了拉力，每绕一圈就增大一倍。

这个实验可以证明你的力气有多大。如图示将绳子绕在扫帚杆上，两名助手硬撑住扫帚杆，你尽力拉绳使两把扫帚捆在一起。

神奇的魔术

83. 魔摆

准备：铅笔
　　　绳子
　　　剪刀
　　　两张纸

你相信意念转移的魔力吗？不信？等着瞧吧！

把绳子拴在铅笔上，绳如小臂长。在两张纸上分别画上一条直线和一个圆圈。

伸出手臂，像摆一样垂下铅笔，悬在画有圆圈的纸上。旁边的伙伴喃喃自语：想着圆圈，精力集中到圆圈上……

这个实验也可一人单独做，只要思想集中到纸的图案上即可。

这时，笔摆开始动起来，转起圆圈。同样的情况还会发生在另一张纸上。一当同伴换了纸，又用声音刺激持笔人，笔摆像着了魔一般开始直线往复运动。

神奇的魔术

84. 神秘的直尺

准备： 长尺（一米）
　　　 同伴

在手上平衡尺子不让它掉下去，行吗？

两手掌相对，让同伴将尺子放在双手上（如图）。无论同伴怎么放，尺子都不会掉下去，因为两只手总是位于尺子的中部。

摩擦力阻碍了尺子下落。承担尺子长端重量的手可以慢慢移动，另一只手承重不多，却可快速滑动，两手常汇聚中间，使尺子保持平衡。

知道吗？

无论何处，只要两个平面触及就会产生摩擦力。没有摩擦力，所有物体都会从我们手中滑落。摩擦力与运动方向相反，需耗费力和能量。

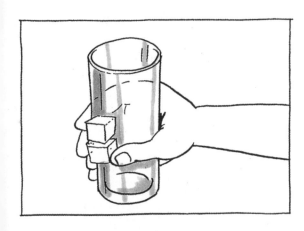

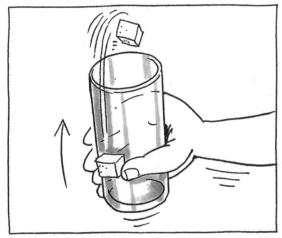

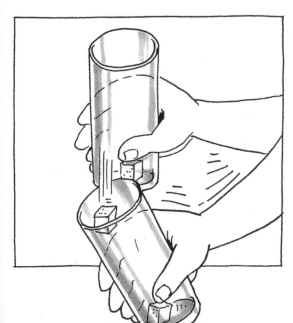

85. 放糖的技巧

准备：玻璃杯
　　　两块方糖

这个技巧需要多次练习。

用手握住杯子（如图），拇指和食指捏住一块方糖，再在上面放一块方糖。现在试一下，把两块方糖相继甩进杯里。第一块方糖甩进问题不大；第二块甩进的可能性却不大，因为把杯子往上提接第二块方糖时会把第一块方糖从杯里甩出来。

技巧是：第二块方糖不是往上抛，而是让其下落，然后用杯子接住。怎么样？多练几次就行了。

86. 弹簧游戏

准备： 匙环
　　　弹簧
　　　同伴

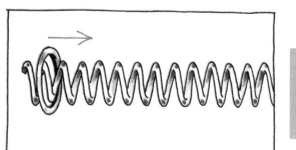

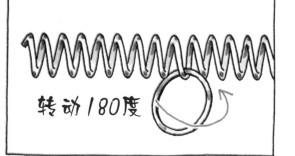

转动180度

将匙环套进弹簧，挂到弹簧的中间转动180度（如图），匙环就挂在两个弹簧圈上。要不转动匙环就把它从弹簧上取下来，够同伴忙一阵子。

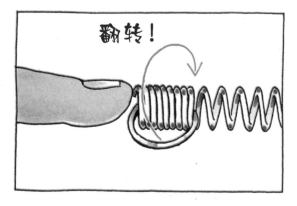

翻转！

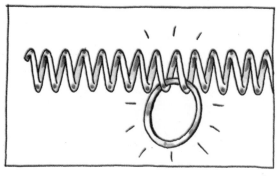

87. 肥皂泡作画

准备：冲洗剂
　　　水杯
　　　调色盘
　　　小碟子
　　　颜色粉
　　　毛笔
　　　图画纸

成泡沫状。在每个小碟里放进不同颜色的色粉，轻轻搅拌。现在就可以作画了。画干后摸起来很粗糙。

想用肥皂泡作画吗？先调好溶液——放进水、冲洗剂，将混合液制

88. 不折的火柴

准备：火柴

你敢打赌吗？用手指不能折断火柴！

把火柴放在三根手指之间（如图），如此就不可能折断火柴。

手指成这样的状态不可能充分发力，也就无法折断小小的火柴。

89. 稳固的火柴盒

准备：装满火柴的火柴盒

这个实验需要火柴盒能很容易地打开、合上，并且火柴盒不能装得太满。

首先抽几根火柴出来。让火柴盒从30厘米高落到桌上，肯定会翻倒。但如果在火柴盒落下之前把盒子抽出一半高的话……

火柴盒落下时，盒子和盖子互相合上阻止了火柴盒的翻倒，弹跳的能量被消耗了。

第一次不行试第二次，或者调整火柴盒中火柴的数量。

90. 纸桥

准备：三只杯子、
　　　一张打字纸（A4）

在两只杯子间放一张纸，再在纸上放第三只杯子。小心，因为纸无论如何不能承受杯子的重量。

现在把纸折成手风琴风箱状再试一次。这次成功了——杯子的重量分散到折痕上，折痕承受了重量。

91. 纸做的刀

准备：直刃的刀
　　　纸
　　　土豆

将纸折一下，包住刀刃去切土豆。土豆被切开，纸却未损坏。刀刃的压力通过土豆产生了反压力。

纸未损坏是因为纸的纤维比土豆结实、坚韧。还可用其他水果或蔬菜多试几次。

92. 懒惰的橙子

准备：杯子
　　　火柴盒
　　　橙子
　　　明信片

　　在杯口上放一张明信片，再放上火柴盒，火柴盒上放橙子。把明信片猛地一抽，火柴盒滚落开，橙子则掉进杯里。

93. 杯中硬币

准备：杯子
　　　纸牌
　　　硬币

　　这个实验较前一个略有变化。杯口上放纸牌，纸牌上放硬币。对准纸牌猛地用力一弹，纸牌飞走，硬币掉入杯中。力传到了纸牌上而没传到硬币上，所以它保持自己的惯性落进杯里。

　　也可用其他物体试一试。

知道吗？

　　物体保持自身原有的运动状态或静止状态称为惯性。例如，一列行驶的火车向前行驶；一列静止的火车保持静止。下面两种情况都需用力：使静止的火车行驶或使行驶的火车静止。只有外力才能克服惯性。

　　在"懒惰的橙子"这一实验中，力只对明信片和火柴盒起了作用。橙子保持原有状态，所以落进杯里。

94. 转圈的弹子

准备：玻璃弹子
　　　带边的大杯子

　　不用手拿让弹子升起来，可以吗？

　　把弹子放在桌上，用杯子盖住。用手使杯子转圈。杯子转动越快，里面的弹子也转得越快，并慢慢升到杯壁上。要使弹子不掉下来，必须使杯子转动保持一定的速度。弹子被离心力紧紧压在了杯壁上。

知道吗？

　　物体转得越快，它越想"逃离"开水平方向，如杯中旋转的液体、旋转车中的座位等。这种力被称为离心力。

95. 坚硬的橡皮

准备：大小橡皮各一块
　　　吸管
　　　线

　　这个实验会告诉你小橡皮比大橡皮坚硬。

　　把线穿过吸管，线两端分别拴住大小橡皮。

　　现在甩动小橡皮，像螺旋桨一样转圈，大橡皮会被小橡皮带起向上升。

　　清楚了吗？这就是离心力起的作用。

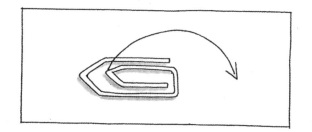

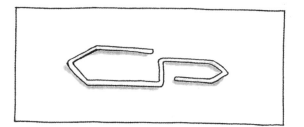

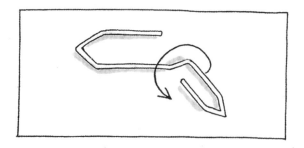

96. 稳如泰山

准备： 硬币
　　　 针
　　　 回形针
　　　 钥匙

　　用针尖能保持硬币的平衡？把回形针弯成图上的形状，一端夹紧硬币，一端挂上钥匙。现在用针尖顶上，成功了。钥匙起了平衡和稳定的作用。

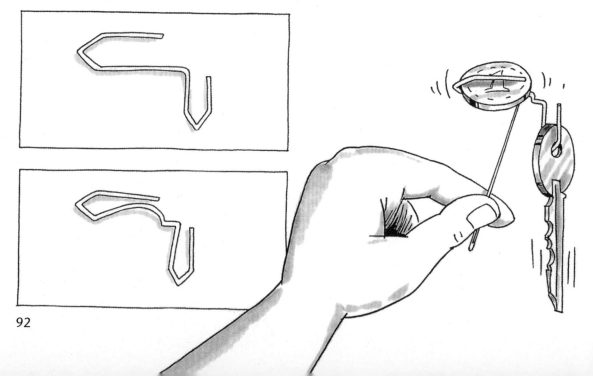

97. 平衡尺

准备：尺子
　　　胶泥

98. 尺子游戏

准备：尺子

　　试一下，在掌心竖立尺子，努力平衡不让它倒下，很难！

　　现在将胶泥固定在尺子上端。

　　这下就很好平衡了，胶泥阻止尺子的左右倾倒。尺子重一点就容易保持平衡。

　　用尺子可以玩很多游戏：放在食指尖保持平衡，或两根手指分开，用一根手指保持尺子的平衡。

99. 硬币的游戏

准备：多枚相同的硬币

　　把硬币在桌上放一排，拿一枚用力一弹，前面会射出去一枚。现在拿两枚硬币弹，会不会把前面的射出去两枚呢？

　　冲击会通过排列传递，末端相同质量的物体会被甩出去。冲击力越大，射出的速度越快。

还可不断升级呢！

100. 秤的奥秘

准备：体重计

试过吗？在秤盘上使自己变轻。如果你以为：跪下就重，抬臂就轻，那就大错而特错了。

恰恰相反。手臂上甩，秤上会短暂出现增重；而跪下指针反而向左转动。每个动作都有反应。

亲爱的小朋友：

除了指导你做小实验，本书还有一大妙用，你发现了吗？

答案就在书中。